人工影响天气业务丛书

贵州省人工影响天气安全管理手册

贵州省人工影响天气办公室　组编

主编：李勇　文继芬

内容简介

本书根据《国务院办公厅关于推进人工影响天气工作高质量发展的意见》《人工影响天气管理条例》《贵州省人工影响天气条例》等各项规定要求编写，涉及贵州省各级人工影响天气部门的安全管理内容，从岗位职责、政治思想、业务技术、安全管理要求、装备操作、安全警示等方面切入，汇集了贵州省人工影响天气安全管理制度及全国安全警示案例相关内容。以期为人工影响天气从业者提供工作指导，提升其安全生产意识，为人工影响天气事业安全发展奠定基础。本书可供人工影响天气管理人员和从业人员阅读参考。

图书在版编目（CIP）数据

贵州省人工影响天气安全管理手册 / 李勇，文继芬主编 . — 北京：气象出版社，2021.7
（人工影响天气业务丛书）
ISBN 978–7–5029–7475–6

Ⅰ.①贵⋯ Ⅱ.①李⋯②文⋯ Ⅲ.①人工影响天气—安全管理—贵州—手册 Ⅳ.① P48-62

中国版本图书馆 CIP 数据核字（2021）第 130314 号

贵州省人工影响天气安全管理手册
Guizhou Sheng Rengong Yingxiang Tianqi Anquan Guanli Shouce

出版发行：	气象出版社			
地　　址：	北京市海淀区中关村南大街 46 号		邮政编码：	100081
电　　话：	010–68407112（总编室）　010–68408042（发行部）			
网　　址：	http://www.qxcbs.com		E-mail：	qxcbs@cma.gov.cn
责任编辑：	彭淑凡　郭健华		终　　审：	吴晓鹏
责任校对：	张硕杰		责任技编：	赵相宁
封面设计：	地大彩印设计中心			
印　　刷：	北京建宏印刷有限公司			
开　　本：	710 mm×1000 mm　1/16		印　　张：	4.75
字　　数：	78 千字			
版　　次：	2021 年 7 月第 1 版		印　　次：	2021 年 7 月第 1 次印刷
定　　价：	60.00 元			

本书如存在文字不清、漏印以及缺页、倒页、脱页等，请与本社发行部联系调换。

编 委 会

主　编： 李　勇　文继芬

副主编： 黄浩隽　刘　伟　崔　蕾　周本方
　　　　　罗　旭　杨木者

成　员： 刘国强　彭宇翔　张　萍　许　弋
　　　　　周丽娜　曾　勇　黄　钰　李　玮
　　　　　刘　涛　张小娟　李　皓　罗　雄
　　　　　汪　丽　李怀志　陈　林　卫　虹
　　　　　唐辟如　喻乙耽　李枚曼　田红玲

前　言

为进一步规范人工影响天气工作，贯彻落实《国务院办公厅关于推进人工影响天气工作高质量发展的意见》《人工影响天气管理条例》和《贵州省人工影响天气条例》各项规定要求，实现"规范、安全、科学、效益"的奋斗目标，以健全作业安全生产责任制，完善作业规范和操作规程，强化民兵队伍建设、作业装备设置审批、年度检查、运输储存以及操作规程等方面的安全监督管理，依照相关法律、法规及人工影响天气作业需求，编制了《贵州省人工影响天气安全管理手册》。

本书涉及各级人工影响天气部门的安全管理内容，从岗位职责、政治思想、业务技术、安全管理要求、装备操作、安全警示等角度切入，汇编了我省人工影响天气安全管理制度及全国安全警示案例相关内容。以期为人工影响天气从业者提供工作指导，并提升其安全生产意识，为人工影响天气事业安全发展奠定基础。

贵州省人工影响天气办公室
2021 年 2 月

目 录

前言

《国务院办公厅关于推进人工影响天气工作高质量发展的意见》中安全相关条款 ………………………………… 01

第一部分　贵州省人工影响天气安全管理制度汇编 …… 03

贵州省人工影响天气条例 ……………………………………04
省级人工影响天气安全责任清单（细化）…………………09
市（州）级人工影响天气安全责任清单（主体责任）……11
县级人工影响天气安全责任清单（直接责任）……………13
贵州省人工影响天气安全隐患排查制度 …………………15
贵州省人工影响天气作业高炮三级检查制度（试行）……20
贵州省人工影响天气作业前的公告制度 …………………22
贵州省人工影响天气省级安全员管理办法（试行）………23
贵州省人工影响天气应急预案 ……………………………25
贵州省人工影响天气高炮、火箭作业事故处理预案 ……27
贵州省人工影响天气责任事故救助预案 …………………29
人工影响天气作业炮站炮班组建规定及管理制度 ………31
贵州省人工影响天气工作流程 ……………………………34
人工影响天气技术装备维护保养操作规程 ………………36
常规实战训练科目及要求 …………………………………43

第二部分　典型事故案例 ………………………………… 57

第三部分　人工影响天气作业操作典型违规情形 …… 65

《国务院办公厅关于推进人工影响天气工作高质量发展的意见》中安全相关条款

一、总体要求

……

（二）基本原则。

……

坚持安全至上，防控结合。 牢固树立安全生产是人工影响天气工作底线要求的观念，紧盯关键领域和薄弱环节，不断完善管理制度，健全监管机制，落实监管措施，提高风险防范和安全作业能力。

……

（三）发展目标。 到2025年，安全风险综合防范能力明显增强，体制机制和政策环境更加优化。……

二、做好重点领域服务保障

……

（八）提升作业能力。 加快地面固定作业点标准化建设，推进火箭、高射炮、烟炉等作业装备自动化、标准化、信息化改造和列装。推广应用高效、安全、绿色作业弹药。建设监测与作业一体化的智能物联站点。

……

五、健全安全监管体系

（十三）落实安全生产领导责任。 严格落实《地方党政领导干部安全生产责任制规定》，健全安全投入保障制度，强化风险分级管控和隐患排查治理，确保人工影响天气工作安全责任措施落实落地。制定安全事故处置应急预案，加强应急演练，依法组织开展应急救援和调查处理工作。（中国气象局、应急部等负责督促落实）

（十四）**加强重点环节安全监管**。健全部门紧密协作的联合监管机制，加强作业装备、弹药的生产、购销、运输、存储、使用等安全管理，依法加强对作业人员的备案和培训，落实空域申请、作业安全保卫、作业站点巡查等工作制度，切实消除安全隐患。（中国气象局、工业和信息化部、公安部、应急部、国家粮食和储备局、国家国防科工局、中国民航局、中央军委装备发展部、中央军委国防动员部等按职责分工负责）

（十五）**提高安全技术水平**。开展人工影响天气作业装备质量提升行动，加快列装更高安全性能的作业装备，限期淘汰落后和老旧装备。作业装备生产企业要按照国家有关标准规范和要求组织生产。加强安全技术防范和信息化管理，推广物联网、智能识别、电子芯片、信息安全等技术应用。推进人工影响天气安全管理智能化平台建设，实现对重点场所、重要装备、重大危险源的远程监控和实时风险监控预警。（工业和信息化部、中国气象局、国家发展改革委、科技部、国家国防科工局、中国民航局、国家自然科学基金委等按职责分工负责）

六、完善保障机制

……

（十九）**依法依规管理**。严格执行气象法、人工影响天气管理条例、民用爆炸物品安全管理条例等法律法规，完善配套规章制度。加强对法律法规实施情况的监督检查，确保各类组织依法依规开展人工影响天气相关活动。加快推进人工影响天气标准化体系建设，提高规范化管理水平。（中国气象局、工业和信息化部、公安部、应急部、国家国防科工局等按职责分工负责）

……

贵州省人工影响天气安全管理手册

第一部分

贵州省人工影响天气
安全管理制度汇编

贵州省人工影响天气条例

第一条 为加强对人工影响天气工作的管理，防御和减轻气象灾害，科学开发利用空中云水资源，促进生态文明建设，根据《中华人民共和国气象法》《人工影响天气管理条例》和有关法律、法规的规定，结合本省实际，制定本条例。

第二条 在本省行政区域内从事人工影响天气活动，应当遵守本条例。

第三条 本条例所称人工影响天气，是指通过科技手段对局部大气的物理、化学过程进行人工影响，开展防雹、增雨、消（减）雨、消雾、防霜以及改善空气质量等活动。

第四条 按照县级以上人民政府批准的人工影响天气工作计划开展的人工影响天气工作属于公益性事业。人工影响天气工作机构应当把防灾减灾、促进生态文明建设、服务经济社会发展放在首位，在满足公益性服务的基础上，可以根据需要开展其他人工影响天气服务。

第五条 县级以上气象主管机构应当根据经济社会发展、生态文明建设、防灾减灾的需要，会同同级有关部门编制年度人工影响天气工作计划，报本级人民政府批准后实施。

第六条 县级以上人民政府应当加强对人工影响天气工作的领导，完善人工影响天气的指挥协调机制和工作机制，将人工影响天气能力建设纳入国民经济及社会发展规划，所需经费列入同级财政预算。

第七条 县级以上气象主管机构负责本行政区域内人工影响天气工作的组织实施和指导管理。

县级以上人民政府有关部门和空中交通管理等单位应当依照各自职责，做好人工影响天气的有关工作。

县级以上人工影响天气工作机构在同级气象主管机构的指导下具体负责人工影响天气活动。

第八条 县级以上人民政府应当加强人工影响天气现代化建设，支持和鼓励人工影响天气技术研究、科学实验和成果推广应用。

对在人工影响天气工作中做出突出贡献的单位和个人，按照国家和省有关规定给予表彰或者奖励。

第九条 人工影响天气作业单位是开展人工影响天气活动的具体实施者，在当地人工影响天气工作机构的指导下实施人工影响天气作业。

从事人工影响天气的作业单位应当符合省气象主管机构规定的条件，并接受县级以上气象主管机构的监督和管理。

第十条 利用高炮、火箭发射装置从事人工影响天气作业的人员，应当符合国家规定的条件，按照有关规定参加业务技术培训和安全培训，并经考核合格。

第十一条 从事人工影响天气的作业人员队伍应当相对稳定，所在地县级人民政府或者有关组织应当按照国家有关法律、法规规定保障其劳动报酬、办理社会保险。

鼓励人工影响天气作业单位为作业人员购买人身意外伤害保险。

第十二条 作业单位设立的高炮、火箭发射装置等人工影响天气固定或者流动作业站点，应当结合当地气候特点和地理、交通、通信、人口密集度等条件，依照国家有关规定，由省气象主管机构会同空中交通管理部门确定，并报告所在地县级人民政府。

经省气象主管机构会同空中交通管理部门确定的人工影响天气固定作业站不得随意变动。确需变动的，应当按照前款规定重新确定。

第十三条 人工影响天气固定作业站及专业配套设施所需用地应当纳入所在地人民政府公共服务设施用地规划，按照相关规定和标准建设弹药临时储存设施及保障通信、工作生活所需的必要设施。

第十四条 单位和个人不得侵占人工影响天气作业场地，不得擅自移动或者损毁人工影响天气专用设备、设施，不得挤占、干扰人工影响天气作业通信频段。

新建、改建、扩建建（构）筑物不得影响人工影响天气固定作业站安全作业。

人工影响天气作业站所在地的乡镇人民政府、街道办事处对人工影响天气作业场地和设备、设施应当采取措施予以保护。

第十五条　省气象主管机构应当编制飞机人工增雨年度计划，报省人民政府批准后实施。

第十六条　因组织生产、经营等非公益性活动，需要进行人工影响天气作业的，按有关程序进行；企业和民间资本可以依法参与人工影响天气活动。

第十七条　利用高炮、火箭发射装置实施人工影响天气作业，由作业地的县级以上气象主管机构向有关飞行管制部门申请空域和作业时限；利用飞机实施人工影响天气作业，由省气象主管机构申请空域和作业时限。

空中交通管理部门接到申请后，应当及时作出决定并通知申请人。机场管理机构及有关单位应当根据人工影响天气作业计划做好保障工作。

空域和作业时限批准后，人工影响天气作业机构应当组织人工影响天气作业单位在批准的空域和作业时限内，严格按照国务院气象主管机构规定的作业规范和操作流程进行作业。

第十八条　实施人工影响天气作业，作业地的气象主管机构应当根据具体情况提前公告，并通知作业地县级公安机关做好安全保卫工作。作业期间，作业单位应当在作业地点显著位置设置警示标志。

第十九条　需要跨县级行政区域实施人工影响天气作业的，由相关地人民政府协商确定。协商不成的，由上一级气象主管机构商相关地人民政府开展跨区域联动作业。

第二十条　人工影响天气工作机构应当将实施人工影响天气作业的指挥车辆和作业车辆向县级以上公安交通管理部门报备，并统一张贴标志，公安交通管理部门应当按照防灾减灾应急车辆管理的有关规定保障通行。

第二十一条　人工影响天气作业所使用的火箭发射装置、炮弹、火箭弹，应当符合国家有关强制性技术标准。省气象主管机构按照政府采购的有关规定统一组织采购。

第二十二条　对实施人工影响天气作业使用的高炮、火箭发射装置，作业单位应当定期进行维护和保养，并由省气象主管机构组织年检，年检合格的，方可使用。

高炮、火箭发射装置年检不合格的应当进行检修，经检修达不到技术标准和要求的，应当予以报废。

第二十三条 禁止下列行为：

（一）将人工影响天气装备转让给非人工影响天气作业的单位或者个人；

（二）将人工影响天气装备用于与人工影响天气无关的活动；

（三）使用未经年检、年检不合格或者报废的人工影响天气作业专用装备和超过有效期的炮弹、火箭弹。

第二十四条 高炮、火箭发射装置等人工影响天气作业专用装备及作业所使用的炮弹、火箭弹的运输，由运达地人工影响天气工作机构按规定向当地县级公安机关提出申请，经批准后方可运输。运输应当使用专用车辆。

第二十五条 县级以上人工影响天气工作机构储存炮弹、火箭弹的，应当符合国家民用爆炸物品管理的规定要求；固定作业站点用于作业短期临时储存的，应当在独立建筑物内，用弹药保险柜储存，并具有物防、技防等安全防范措施。

公安、安全生产监督管理、交通运输、气象等部门应当依照各自职责，对人工影响天气作业使用的专用装备、炮弹、火箭弹的运输、储存进行监督和指导，落实监管措施。

第二十六条 县级以上人民政府应当加强人工影响天气作业的安全管理，建立健全人工影响天气安全责任制。县级以上气象主管机构应当组织人工影响天气作业单位制定安全应急预案，并定期组织演练。

人工影响天气作业中发生安全事故，作业单位应当立即处理并按规定及时向事故发生地人民政府和有关部门报告，减少人员伤亡和财产损失。事故发生地人民政府和气象主管机构、安全生产监督管理等部门接到事故报告后，应当立即启动应急预案，其负责人应当立即赶赴事故现场，组织事故救援。

第二十七条 违反本条例第十四条第一款规定的，由县级以上气象主管机构责令停止违法行为，限期恢复原状或者采取其他补救措施，可处以5万元以下罚款；造成损失的，依法承担赔偿责任。

违反第十四条第二款规定的，由县级以上气象主管机构责令改正，予以警告，并可处以1000元以上1万元以下罚款；情节严重的，并处以1万元以上5万元以下罚款。

第二十八条 违反本条例第二十三条规定的，由县级以上气象主管机构按照权限责令改正；造成损失的，依法承担赔偿责任。

第二十九条 违反本条例规定有下列行为之一的，由县级以上气象主管机构责令改正，予以警告；造成损失的，依法承担赔偿责任：

（一）人工影响天气作业站和作业点未经省气象主管机构会同空中交通管理部门确定，或者擅自变更作业站和作业点未重新申报确定的；

（二）作业单位未在批准的空域和时限内开展人工影响天气作业的；

（三）作业单位未按照国务院气象主管机构规定的作业规范和操作规程进行作业的。

第三十条 气象主管机构、有关部门及其工作人员在人工影响天气工作中有下列行为之一的，依法给予行政处分：

（一）对不符合法定条件的事项予以批准的；

（二）对违法行为不查处或者查处不力，造成严重后果的；

（三）擅离职守，发生安全事故的；

（四）不依法履行本条例规定的其他职责行为的。

第三十一条 本条例自2018年1月1日起施行。

省级人工影响天气安全责任清单（细化）

一、政府批文

业务科负责制订省级年度人工影响天气工作计划，包括工作目标、工作重点、计划投入的作业装备、作业服务内容及布局、保障措施等年度作业实施及安全生产等工作，报同级政府批准后执行。（飞机增雨指挥室、指挥科、安全科参与）

二、安全责任落实

（一）安全科负责建立人工影响天气作业实施单位的条件规定，督促各市（州）开展作业实施单位的备案工作，负责对作业实施单位的日常监管，督促和检查各市（州）作业人员政审情况、考核情况等相关材料。安全科、业务科、指挥科负责建立作业实施单位工作评价机制，将业务、安全管理工作纳入年度目标考核内容，开展作业实施单位人工影响天气综合能力评价。

（二）安全科与办公室负责对作业实施单位的备案管理，备案材料一式两份分别存放于安全科和办公室。

（三）落实行业监管责任制，执行安全管理周零报告制度；组织安全检查，督促市（州）、县将人工影响天气安全生产纳入地方政府安全防控体系，每年至少开展2次常规性安全检查，1次联合应急厅的安全检查，建立"政府主导、部门协作、综合管理"的新型人工影响天气安全管理体制机制。（责任科室：安全科）

三、人员管理

安全科负责建立人工影响天气作业人员从业条件规定，明确从业人员培训组织、作业技能考核和合格标准，安全科、业务科、指挥科负责组织实施每季度人工影响天气管理人员日常考核工作。

四、装备管理

安全科制定人工影响天气作业装备年检、维修、养护制度，组织装备年检以及装备使用、管理、维修、养护检查；办公室负责固定资产登记相关事宜。

五、弹药管理

安全科负责制定人工影响天气作业炮弹、火箭弹的购买、运输、存储、使用制度，建立作业弹药安全保障机制，负责租赁具有民爆资质的弹药存储仓库。

六、法制宣传

落实法规政策、标准、规范和制度，安全科严格执行法规标准，依法、依规、依标开展人工影响天气作业，贯彻落实《贵州省人工影响天气条例》，办公室负责做好法制宣传工作。

七、作业规范管理

（一）制定作业空域申报审批制度，杜绝违规作业，合法、合理利用空域资源，负责开展空域协调、空域申请等相关工作。根据各市（州）政府批复的出炮收炮文件开展人工影响天气工作。（责任科室：指挥科）

（二）飞机增雨指挥室负责组织开展飞机增雨工作，充分了解增雨需求、密切关注增雨的天气背景和作业条件，及时作出判断，科学地、按时地、准确地开展飞机增雨工作，负责飞行计划申报、焰条使用，安全科负责焰条采购管理。

（三）制定作业公告发布制度，明确内容、指标和发布形式等，督促作业实施单位提前公告，避免发生意外事故。（责任科室：安全科）

八、应急管理

组织制定多部门参与的事故应急处置和救助预案并开展演练，督促各市（州）开展应急演练；在实施人工影响天气作业过程中发生意外人身伤害、财产损失时，组织有关部门进行事故调查、处理。（责任科室：安全科）

市（州）级人工影响天气安全责任清单
（主体责任）

市（州）级人工影响天气安全责任清单包括市（州）级人工影响天气管理、业务和下级单位职责。

一、政府批文

制订市（州）级年度人工影响天气工作计划，包括年度作业、培训及安全生产等工作，报同级政府批准后执行。

二、安全责任落实

落实人工影响天气作业实施单位的条件规定，对作业进行单位备案管理；对所属作业单位开展日常监督和检查工作。

落实人工影响天气管理、监督、检查责任制；开展安全检查，将市（州）级和下级人工影响天气安全生产纳入地方政府安全防控体系。

联合当地安监或应急管理部门对所属县（区）政府落实人工影响天气安全责任工作开展安全检查工作。

三、日常安全管理

及时规范上报各类材料（弹药旬报表、安全管理每周零报告、人工影响天气作业信息、灾情信息、日常管理信息、其他临时要求报送的材料等）。

对下级人工影响天气单位进行日常管理、监督和检查工作，确保所辖区域内炮站在人员配备、弹药安全、炮站坐标、炮站周边敏感目标排查、安全射界图更新、作业规范和操作规程落实、作业装备日常养护等方面达到规定标准。

四、人员管理

根据人工影响天气作业人员从业条件规定，组织从业人员培训，达标后方可实施人工影响天气作业；建立健全相关部门的联合培训工作机制（如：

公安或应急管理（安监）部门派人指导培训或现场授课）；组织开展本地区人工影响天气管理和技术人员的日常理论及技能考核。

建立健全所辖区域作业人员意外伤害险保险缴纳制度（保额不低于100万元）；建立健全作业人员养老保险缴纳制度。

五、装备弹药管理

（一）根据人工影响天气作业弹药储运、管理、使用机制，组织开展本地人工影响天气弹药的购买、运输、储存和使用。

（二）根据人工影响天气作业装备管理、维修、养护制度，管理所辖区域作业装备，组织开展作业装备的使用、维修和养护工作，并加强日常监督检查。

六、作业规范管理

严格落实作业空域申报审批制度，杜绝违规作业，合法合理利用空域资源。

督查督办下级人影单位出炮收炮政府批复落实情况。

根据作业公告发布制度，督促作业实施单位提前对公众进行公告，避免发生意外事故。

七、应急管理

炮站防暴器械按要求配备，开展反恐防暴突发事件应急演练，并按要求上传应急演练方案、总结。

组织制定多部门参与的应急处置、事故处置、救助预案并开展演练，在实施人工影响天气作业过程中发生意外人身伤害、财务损失时，组织有关部门进行事故救助处理。

县级人工影响天气安全责任清单（直接责任）

一、政府批文

制订县级年度人工影响天气工作计划，包括年度作业、培训及安全生产等工作，报同级政府批准后执行。

二、安全责任落实

（一）严格落实人工影响天气作业实施单位的条件规定，对作业进行单位备案管理；对所属作业单位开展日常监督和检查工作。

（二）落实人工影响天气管理、监督、检查责任制，开展安全检查，将县级和下级人工影响天气安全生产纳入地方政府安全防控体系。

（三）严格落实安全管理责任，负责所属炮站的作业指挥、作业装备养护、作业人员培训、敏感目标排查、安全射界图制作更新、规范作业和规范操作训练等。

（四）严格落实作业实施单位管理规定，建立健全所属炮站资料并及时更新（如相关管理制度、安全射界、敏感目标、新进人员等）。

三、日常安全管理

（一）及时规范上报各类材料（弹药旬报表、安全管理每周零报告、人工影响天气作业信息、灾情信息、日常管理信息、其他临时要求报送的材料等）。

（二）严格落实炮站日常管理制度。确保所属炮站在日常人员值班值守、从业人员学习教育、培训、作业装备养护等方面符合相关要求，并健全完善值班、学习教育、操作演练、作业装备养护、空域时间批复情况等值班登记制度。

四、人员管理

（一）根据人工影响天气作业人员从业条件规定，组织从业人员培训和技能考核，严格落实从业人员管理规定，确保所属炮站在人员配备、人员培训考核达标等方面达到规定标准，开展作业人员政审工作，从业人员名单抄送当地公安机关备案。积极落实与相关部门的联合培训工作机制（如：公安或应急管理（安监）部门派人指导培训或现场授课）。

（二）落实所辖区域作业人员意外伤害险保险缴纳制度（保额不低于100万元），积极落实作业人员养老保险缴纳工作。

五、装备弹药管理

（一）根据人工影响天气作业装备管理、维修、养护制度，管理所辖区域作业装备，组织开展作业装备的使用、维修和养护工作，并加强日常监督检查。作业装备经检修达不到要求的应及时予以报废。收炮后高炮击针收回县气象局，妥善存放。

（二）严格落实作业弹药安全管理机制，组织所属炮站人工影响天气作业弹药的运输、储存和使用，确保作业弹药安全。

六、作业规范管理

（一）严格落实作业空域申报审批制度和空域申请批复登记制度，杜绝违规作业。

（二）严格执行出炮收炮制度，出炮收炮必须有当地政府批文。

（三）严格落实作业公告制度，作业前应以多渠道、多媒体向公众发布作业公告，并通知当地公安机关做好安全保障工作。

七、应急管理

（一）建立健全本级人工影响天气作业事故应急处置和救助预案，并组织开展日常演练。

（二）将安全管理纳入地方政府安全应急体系，炮站安全纳入地方派出所例行巡察范围。

（三）按要求配备炮站防暴器械，开展反恐防暴突发事件应急演练，并按要求上传应急演练方案、总结。

贵州省人工影响天气安全隐患排查制度

为了建立安全生产事故隐患排查治理长效机制，强化安全生产主体责任，加强事故隐患监督管理，防止和减少事故，保障人民群众生命财产安全，根据《安全生产法》等法律、行政法规，制定本规定。

本制度适用于全省各级人工影响天气部门。有关法律、行政法规对安全生产事故隐患排查治理另有规定的，依照其规定。

一、排查目的

进一步强化安全生产责任，推动隐患排查整治，全面落实监管责任和主体责任，促进全省人工影响天气安全能力和水平不断提升，不断完善推动各地建立完善"政府主导、部门协作、综合监管"的新型人工影响天气安全管理体制机制，全力以赴确保各项安全生产决策落实到位，为我省人工影响天气事业持续健康发展提供安全保障。

本制度所称安全生产事故隐患（以下简称事故隐患），是指人工影响天气作业单位违反安全生产法律、法规、规章、标准、规程和安全生产管理制度的规定，或者因其他因素在人工影响天气作业中存在可能导致事故发生的物的危险状态、人的不安全行为和管理上的缺陷。

事故隐患分为一般事故隐患和重大事故隐患。一般事故隐患，是指危害和整改难度较小，发现后能够立即整改排除的隐患。重大事故隐患，是指危害和整改难度较大，应当全部或者局部暂停作业，并经过一定时间整改治理方能排除的隐患，或者因外部因素影响致使作业单位自身难以排除的隐患。

二、排查方式

1. 市（州）、县对本辖区人工影响天气工作安全隐患全面排查。

2. 省级人工影响天气检查组随机对市（州）、县人工影响天气和作业站点安全及业务工作进行抽查。

三、排查内容

1. 重点排查

（1）综合管理机制：落实地方政府为人工影响天气安全主体责任制方面所做工作；乡镇政府在人工影响天气安全保障方面所做工作；安全管理及培训工作开展情况；《贵州省人工影响天气工作安全管理周零报告（试行）》制度等相关人工影响天气制度完善情况。

（2）安全检查情况：安全检查所发现问题的整改情况。

（3）炮站安全建设：炮站人防、物防和技防方面的建设情况。

（4）规范作业流程：相关操作规范是否熟知，如《人工影响天气高炮作业十不准》《空域申报流程》等；作业射击范围是否严格遵照安全射界图。

（5）弹药安全规范管理：弹药出入库管理、规范使用等。

（6）作业装备维护保养：高炮（火箭）是否按规定进行维护保养。

（7）作业站点安全：敏感目标排查情况；安全射界图更新情况；作业站点是否纳入辖区公安机关管理；应急预案是否报相关部门备案；应急演练开展情况；反恐防暴器材配备情况等。

（8）作业站点现代化建设：炮站视频监控运行情况等。

（9）法规制度执行：《贵州省人工影响天气条例》宣传贯彻及落实情况。

（10）人员管理：人工影响天气安全员队伍建设；作业人员养老保险落实情况等。

2. 市（州）级

（1）规章制度

《贵州省人工影响天气工作安全管理周零报告（试行）》《人工影响天气安全责任制考核实施细则》等制度贯彻执行情况；人工影响天气安全责任制是否层层落实；是否建立健全人工影响天气作业装备、作业人员档案管理制度；学习宣传贯彻《贵州省人工影响天气条例》情况。

（2）安全管理

敏感目标排查及备案情况；安全射界图更新制作情况；反恐防暴制度、

应急预案建立情况；作业装备技术保障能力建设情况；弹药规范管理情况；安全管理督查情况；是否按要求对辖区内作业站点进行业务安全检查；是否督促县级进行作业站点安全射界图更新工作等。

（3）人才队伍建设

人员配置情况、人工影响天气安全员队伍建设情况等。

（4）业务运行

工作值班日志是否规范；业务系统是否能正常运行、值班员是否能够熟练操作；人工影响天气业务指导产品应用情况；作业情况资料库是否建立；物联网系统推广应用情况；安全射界图制作系统是否熟练应用。

3．县级

（1）规章制度

是否建立健全人工影响天气作业装备、作业人员档案管理制度；实施作业公告制度情况；学习宣传贯彻《贵州省人工影响天气条例》情况。

（2）安全管理

敏感目标排查及备案情况；安全射界图更新制作情况；反恐防暴制度、应急预案建立情况；作业装备技术保障能力建设情况；弹药规范管理情况；安全管理督查情况；辖区内所有作业站点业务安全检查情况；作业人员意外伤害险投保情况，作业队伍稳定情况；是否按规定进行作业公告。

（3）业务运行

工作值班日志是否规范；业务系统是否能正常运行、值班员是否能够熟练操作；人工影响天气业务指导产品应用情况；作业情况资料库是否建立；物联网系统推广应用情况；安全射界图制作系统是否熟练应用。

4．作业站点

（1）人员情况

作业人员配置情况；作业人员（特别是新进人员）培训考核情况；养老保险办理情况等。

（2）作业站点建设是否符合标准化

作业站点设置是否符合要求。

作业场地要求：作业站点应视野开阔；安全禁射区设置；防雷设施应符

合有关规范要求。

作业站点的信息化设施建设情况。

"两库两室一平台"建设情况。

（3）安全管理

高炮操作是否规范，新进作业人员操作熟练程度。

安全射界图更新及炮台禁射方位标注情况。

《人工影响天气高炮作业十不准》执行情况。

是否按照相关规定组织高炮、火箭发射装置的维护保养，有无记录。

安全警示标语、站名牌悬挂情况。

作业站点是否做到值班室、休息室、弹药库、炮库分离，是否有人24小时值班。

弹药库建设是否符合要求，弹药存放是否规范（一垫五不靠），弹药使用是否符合"用旧存新，用零存整"原则。工作日志、作业记录是否规范、完整。

四、排查处理流程

各级人工影响天气单位应当每周上报安全管理周零报告所排查的安全隐患。

对于重大事故隐患，各单位除依照前款规定报送外，应当及时向安全监管监察部门和有关部门报告。重大事故隐患报告内容应当包括：

（1）隐患的现状及其产生原因。

（2）隐患的危害程度和整改难易程度分析。

（3）隐患的治理方案。

对于一般事故隐患，由直接管理单位（炮站、县级人工影响天气部门）负责人或者有关人员立即组织整改。

对于重大事故隐患，由各级人工影响天气单位主要负责人组织制定并实施事故隐患治理方案。重大事故隐患治理方案应当包括以下内容：

（1）治理的目标和任务。

（2）采取的方法和措施。

（3）经费和物资的落实。

（4）负责治理的机构和人员。

（5）治理的时限和要求。

（6）安全措施和应急预案。

五、注意事项

各单位在事故隐患治理过程中，应当采取相应的安全防范措施，防止事故发生。事故隐患排除前或者排除过程中无法保证安全的，应当从危险区域内撤出作业人员，并疏散可能危及的其他人员，设置警戒标志，暂时停产停业或者停止使用；对暂时难以停产或者停止使用的相关生产储存装置、设施、设备，应当加强维护和保养，防止事故发生。

贵州省人工影响天气作业高炮三级检查制度（试行）

为加强我省人工影响天气（以下简称"人影"）作业高炮管理，有针对性地进行人影作业高炮检查，进一步提升我省人影安全管理能力，特制定本制度。

一、目的

通过对人影作业高炮进行三级检查，有针对性地加强监管我省人影作业高炮工作，确保我省人影作业高炮处于良好状态，保证我省人影作业安全顺利开展。

二、范围

本制度适用于全省人影作业高炮检查。

三、检查制度

（一）三级动态检查标准

1. 县级

（1）辖区内炮站进行作业后，县（市、区）气象局对累积用弹量达200发或距上次检查后累积作业次数达到2次的炮站进行专项高炮及弹药检查。

（2）检查内容包括炮站值班记录、高炮情况。重点检查作业高炮情况、弹药使用、存储及出入库记录。

（3）县（市、区）气象局应提醒和督促炮站作业人员进行安全隐患整改。

（4）检查时应填好安全检查表格，做好检查记录。

（5）检查隐患及排查情况更新至所上报的"安全管理周零报告表"中。

2. 市（州）级

（1）辖区内炮站进行作业后，市（州）气象局派员对累积用弹量达300发或距上次检查后累积作业次数达到4次的炮站进行专项高炮及弹药检查。

（2）检查内容包括炮站值班记录、高炮保养情况、县气象局检查记录等。

重点检查县（市、区）气象局所发现的安全隐患整改情况。

（3）市（州）气象局应督促县（市、区）气象局进行安全隐患整改，做到现场整改或限期整改。

（4）检查隐患及排查情况更新至所上报的"安全管理周零报告表"中。

3．省级

（1）省人影办公室派员对累积用弹量达500发或距上次检查后累积作业次数达到8次的炮站进行专项高炮及弹药检查。

（2）检查内容包括炮站值班记录、高炮情况、县（市、区）气象局检查记录、市（州）气象局检查记录等。重点检查市（州）气象局所发现的及"安全管理周零报告表"中上报的安全隐患整改情况。

（二）三级固定检查模式

省级检查应保证每年不少于1次；市（州）级检查应保证每年不少于2次；县级检查应保证每年不少于3次。

贵州省人工影响天气作业前的公告制度

实施人工影响天气作业，必须在批准的空域和作业时限内，严格按照《贵州省人工影响天气工作管理手册》规定的作业规范和操作规程进行，作业前须进行作业公告。

（一）作业期起止时间；

（二）作业区域；

（三）作业设备类型；

（四）拾到故障弹药的处理方式：立即上交当地公安机关，并将情况逐级上报气象部门；

（五）意外事故的报告方式：及时向当地政府、气象部门、当地公安和安全生产管理机关汇报，开展救援工作，做好对事故现场的调查；

（六）本制度自 2004 年 8 月 1 日起施行。

贵州省人工影响天气省级安全员管理办法（试行）

安全是人工影响天气（以下简称"人影"）工作的生命线，为进一步加强人影安全管理，深入贯彻落实安全责任制、《贵州省人工影响天气条例》，促进省级、各市（州）人影安全员队伍建设，特制定本管理办法。

一、资格和管理

1. 省级人影安全员由各市（州）气象局推荐（不少于2人），并填写《贵州省人工影响天气安全员申报表》，经省人影办公室审批同意后，颁发《贵州省人工影响天气安全员资格证》，组建省级人影安全员队伍。

2. 各市（州）气象局结合本管理办法自行选拔、组建本市（州）人影安全员队伍，并制定相应管理办法。

3. 省级人影安全员采取资格管理制，每三年进行资格考核。在担任安全员期间不能充分履行职责的，省人影办公室可取消其资格。

4. 省级人影安全员调离原工作岗位时，其所在的市（州）气象局应及时上报省人影办公室，并推荐其他人员继续履行其职责。

二、任职要求

1. 身体健康，爱岗敬业。在人影业务或管理岗位上工作三年或以上，有较丰富的人影业务或管理工作经验，能够深入作业点进行检查指导，工作责任心强，具有较好的协调能力。

2. 熟悉《人工影响天气管理条例》《贵州省人工影响天气条例》以及相关法律、法规和规章制度，熟悉各项人影安全、业务规定和标准规范。

3. 熟悉人影作业基本知识和原理及人影安全管理工作特点，具备一定人影作业装备维护维修能力，能够正确指导开展人影作业。

4. 能够履行省级人影安全员的相关职责，完成省人影办公室委派的任务。

三、职责范围

省级人影安全员受省人影办公室委派,对全省人影业务安全工作进行检查、督促和指导,参与安全事件调查和处理和有关业务规章制度的制定、修订等工作。其职责范围是:

1. 对《人工影响天气管理条例》《贵州省人工影响天气条例》,人影相关标准、规范和各项规章制度的贯彻落实、执行情况进行检查。

2. 对人影作业安全工作进行检查,包括作业点设置、作业点建设、作业装备弹药管理、作业人员管理等方面,并对发现的问题提出整改意见,督促做好整改落实,消除隐患,确保安全。

3. 参与全省人影安全检查、人影作业安全事件的调查处理。配合做好所属市(州)人影安全管理工作。

4. 参与省人影办公室组织的相关业务技术培训,协助做好本市(州)人影安全员队伍的管理和培训。参与有关人影业务规范、规章制度等的起草修订工作等。

贵州省人工影响天气应急预案

一、目的

为树立和落实科学发展观，建立健全突发性公共事件预警和应急机制，保证人工影响天气应急工作高效、有序进行，最大限度地减轻气象灾害的威胁和影响，为建设和谐小康社会创建安全稳定的环境，制定本预案。

二、工作原则

（1）本预案遵循的原则是：规范、安全、科学、效益；综合考虑、合理布局，固定炮站与机动车载火箭相结合；直接影响局部天气，遵循安全、及时、准确、高效；与我省经济发展相协调。

（2）统一领导，分级管理。重大、特别重大的气象灾害由省人工影响天气作业指挥中心统一指挥和协调，较大的气象灾害由同级人工影响天气作业指挥中心统一指挥和协调。

三、编制依据

本预案编制的主要依据是《中华人民共和国气象法》《贵州省气象条例》《人工影响天气管理条例》《人工影响天气安全管理规定》《贵州省人工影响天气条例》《贵州省人工影响天气管理办法》等有关法律法规。

四、工作职责

开展人工增雨防雹的市、州、地、县，应建立相应的人工影响天气应急指挥部，各级人工影响天气领导小组办公室（指挥部）即为人工影响天气应急办公室，其工作职责为：

（1）负责承担人工影响天气日常工作，按照上级人工影响天气指挥部和同级人工影响天气指挥部的整体工作部署，按时编制工作计划和实施方案并组织实施。

（2）根据上级人工影响天气指挥部制定的各项规章制度，结合本地实际，制定实施细则及相应的奖惩办法，对辖区内炮站实施有效的管理、安全检查及协助政府处理出现的事故；做好试验作业技术和工作总结。

（3）负责同级人工增雨防雹工作的管理、技术指导和培训、科学试验及技术总结、工作情况统计、安全检查，并协助指挥部处理出现的事故，以及对试验工作和物资设备的管理等。

（4）负责作业物资的采购、供应；承担全市高炮、火箭、电台的定期抽检、维修及安全监督工作。

（5）负责作业计划的申报和实施。

（6）负责炮站的建设，高炮、电台等技术装备的维护、保养。

（7）负责民兵队伍、财物和装备的管理。向同级指挥部负责。

（8）特殊情况下，服从同级相关应急指挥部的指挥，协助完成突发灾害事件的应急解救工作。

五、工作程序

1. 冰雹应急

在冰雹天气监测、预警未出现天气过程，而实际可能发生冰雹天气时，各级业务值班人员必须立即通知同级值班负责人，迅速做好作业准备，组织人员进入临战状态，按照有关人工影响天气规章制度适时实施作业。

2. 突发事件应急

各级应急办公室在接到干旱、火灾、污染事件及重大社会保障通知后，首先进行核实，然后报同级应急办公室有关负责人，制定人工影响天气作业安全保障预案和实施方案，并组织实施。

3. 安全事故应急

凡出现安全事故，必须立即查证核实，并报告同级和上级应急办公室第一安全责任人，按照有关规定及时进行处理。

贵州省人工影响天气高炮、火箭作业事故处理预案

为了强化人工影响天气工作管理，及时、妥善地处理高炮、火箭人工影响天气作业发生的各类事故，依据《中华人民共和国气象法》《人工影响天气管理条例》《人工影响天气安全管理规定》《贵州省人工影响天气条例》《贵州省人工影响天气管理办法》《贵州省人工影响天气管理规定》和《贵州省人工影响天气重大安全事故行政责任追究的规定》，特制定本预案。

一、事故分类

（一）质量事故

由于作业工具故障、火箭弹和炮弹质量问题，造成火箭弹或炮弹未按照正常弹道轨迹运行、弹头空中未爆坠落或爆炸碎片过大，导致人员伤亡和财产损失。

（二）责任事故

在火箭弹、炮弹运输、储存以及发射过程中，因违章、违规而导致人员伤亡和财产损失。

（三）其他事故

人工影响天气作业中因其他各种原因造成的人员伤亡和财产损失。

二、事故处理原则

高炮、火箭等地面人工影响天气工作是依据《中华人民共和国气象法》《人工影响天气管理条例》《贵州省人工影响天气条例》《贵州省人工影响天气管理办法》和《贵州省人工影响天气管理规定》，在县级以上地方人民政府的领导和协调下，由气象主管机构组织实施的社会公益性活动，针对高炮、火箭等地面人工影响天气作业中发生的事故，各地人工影响天气主管机构要在当地政府的统一领导和部署下，会同有关部门，积极开展事故救援、调查分析及善后处置工作，使事故得到及时、妥善处理。

三、事故处理程序

（一）紧急处置

1. 炮站作业装备发生故障或发生意外爆炸和质量事故，应立即停止作业，进行紧急处置，并报告上一级人工影响天气主管部门。如发生火灾、人员伤亡等应立即开展急救处置，并及时联系消防、急救部门进行救助。

2. 造成人员伤亡或严重财产损失时，应迅速向当地气象局、上一级人工影响天气主管部门和当地政府报告。

3. 因质量问题造成人员伤亡等事故时，应迅速通知生产企业赶赴现场协助开展原因分析、履行相关责任。

4. 弹药连续出现质量问题，应立即停止该批次弹药的使用，并迅速向省人工影响天气办公室报告弹药型号、批次，省人工影响天气办公室尽快通报全省停止使用该批次弹药。

5. 完整保存作业记录。包括作业地点，作业空域请示时间、批准时间、作业时间、方位角、仰角、天气情况以及炮弹、火箭弹出厂时间等记录。

6. 作业单位对造成事故的作业工具要暂时封存，待事故原因调查清楚或经重新检测合格后方可恢复使用。

（二）事故调查分析

事故发生后，当地人工影响天气主管部门应在地方政府的统一领导下，尽快组织人员会同地方政府和公安部门赶赴现场调查，并根据事故严重程度和需要，拍照取证或保护现场，以事实为依据，对相关证据进行客观分析和判断，分析事故原因，区分事故性质。

（三）事故善后处理

1. 事故造成人员伤亡和重大财产损失的，当地人工影响天气主管部门视事故性质分别协助当地政府和生产企业共同解决，并签订事故处理的书面协议。

2. 属于责任事故，当地人工影响天气主管部门报请上级部门按规定追究相关人员的责任。

3. 事故处理结束后，应对相关原始材料建档并妥善保存，在分析认定事故原因的基础上，制定防止事故发生的措施，并尽快形成事故处理情况报告报上级管理部门。

贵州省人工影响天气责任事故救助预案

第一条 为了有效地防范人工影响天气工作安全事故的发生，保护人民群众生命财产安全，结合我省人工影响天气工作的实际，制定本预案。

第二条 各级人工影响天气办公室（以下简称"人影办"）每年在实施人工影响天气工作开始前要召开一次防范安全事故工作会议，分析、布置、督促、检查本地区安全工作情况，制定落实防范安全事故的措施和对策，消除影响安全工作的隐患。

第三条 依照《贵州省人工影响天气管理办法》规定的职责，各级人影办应当采取有力措施，实施安全监督管理，对易发生安全事故的重点场所进行严格检查，消除安全隐患。

第四条 凡出现事故要保护事故现场，作业装备应维持事故发生时状况，不得变动。及时向当地政府及上级人工影响天气主管部门报告，由当地政府负责进行处理。在事故处理过程中，所在地人影办要积极协助配合。

第五条 实施人工影响天气作业造成的人身伤亡事故和财产损失以及其他重大安全事故，由所在地的人民政府按照有关规定处理。各级人工影响天气机构应当服从当地政府指挥、调度，积极参加或配合救助；对不服从指挥调度、不配合救助的，给予人影办领导人和主要责任人记过、记大过或者降级的行政处分。

第六条 关于事故呈报：凡出现事故，除要立即向当地政府报告外，同时必须及时报告省、市（州）、县各级人影部门备案，要求是：

若未造成人员受伤事故，3日内必须上报；

若造成人员受伤事故，1日内电话口头上报，5日内上报书面材料；

若造成重大伤亡事故，除立即向当地政府主管部门报告、请示解决外，并在事故发生后3小时内上报省人影办，12小时内补报事故简况，5日内上报书面材料，以便掌握情况向上汇报、备案调查。

第七条 作业设备出现故障，应在24小时内自行修复，不能修复的，应立即上报上级单位采取有效措施保障人工影响天气工作正常有序进行。

第八条 任何单位或个人均有权向有关人民政府和上级人工影响天气管理机构报告或举报重大安全事故隐患，收到报告或举报的单位，应当立即组织对事故隐患进行查处。

第九条 本规定自 2006 年 4 月 1 日起执行。

人工影响天气作业炮站炮班组建规定及管理制度

一、炮班组建规定和职责

1. 组建规定

炮站作业人员由市（州）、县级人工影响天气领导小组办公室组织管理，要求双管炮必须至少配备5人，其中班长1人、炮手4人；单管炮必须至少配备4人，其中班长1人、炮手3人；火箭点必须配备3人。

班长：应具有初中以上文化水平，一般应是复员退伍军人，年龄不高于45岁，并经过市（州）级以上人工影响天气作业培训，经考核成绩优秀，具有2年以上人工影响天气作业实战经验。

炮手：一般应具有初中以上文化水平，年龄不超过60岁，并经过县（市）级以上人工影响天气作业培训，经考核成绩合格。

2. 炮班长职责

（1）严格执行人工影响天气管理规定，做好本炮站及炮手的管理和监督检查工作，做好工作分工，严格管理，带领全班按时完成各项工作任务。

（2）班长是炮点安全第一责任人，要严格加强对高炮、弹药、电台的管理，严格执行空域申报制度，未经批准，绝对不准作业。

（3）认真填写工作日志，每次作业后，要及时清点用弹量，组织灾情调查和雨情、雹情观测记录，及时上报。并定期组织炮班成员进行政治、业务学习和军事科目训练，提高集体战斗力。

（4）认真做好高炮的维护保养工作。每次作业后，必须在24小时内带领全班人员对高炮进行擦拭维护保养。严格执行"每周一小擦，半月一大擦，作业后及时擦"的高炮维护保养制度。高炮出现故障，必须及时组织处理，若不能处理应立即上报县（市、区）人工影响天气领导小组办公室。

（5）严格遵守有关纪律，带头执行各项规章制度和作业操作规程。请假必须报经县（市、区）人工影响天气领导小组办公室领导批，同意后才能离开岗位。

（6）对不服从工作安排，违反工作纪律的炮兵，班长可依据有关规定条款进行处罚。

3.炮手职责

（1）树立正确的参与意识，在工作中不怕苦、不怕累，努力学习政治理论和业务知识，刻苦训练，配合协调，不断提高个人素质和业务工作能力。

（2）服从领导，听从指挥，有组织纪律性，自觉遵守各项规章制度和操作规程，掌握高炮一般故障排除方法。

（3）炮手必须服从班长管理，不得在无组织的情况下拆装高炮；一般情况不准请假，如有特殊情况需请假，两天内由班长批，超过两天必须由各县（市）人工影响天气领导小组办公室批准，否则按旷工处理，且每次只准一人请假。

（4）严禁赌博、酗酒闹事，讲文明，讲礼貌，注意个人及环境卫生。

（5）对于严重违反有关规定，出现安全事故的炮手，经县（市、区）人工影响天气领导小组办公室和所在乡镇分管领导同意后，立即开除。

二、专用武器装备保管、使用规定

（1）弹、炮分库存放，火箭发射架、高炮放置要严格按照技术要求，严禁露天存放，严禁个人私存、私放作业器材、炮弹，严禁在库内存放其他物品。

（2）高炮、火箭维护、保养、修理和使用情况要登记建档，器材和工具要建立账目清单。

（3）建立高炮、火箭年检制度。每年作业开始前及作业结束后1个月内进行大检，每次作业前和作业后进行中检，发现隐患及时排除。每年作业前和作业后检查车体和后车体注油孔，保证高炮始终处于良好状况。

（4）按维护保养技术规范，认真做好高炮、火箭的维护保养工作，维护每2个月不少于1次。作业前后要及时维护，每年11月、12月，次年1月、2月为封存期，封存前必须做全面维护保养。

（5）认真做好炮库内秩序和整洁工作，管理的炮库内设备、设施或其他器材，需经常保持良好状态。

①每年出炮前，各县（市、区）的高炮必须由市（州）人工影响天气领导小组办公室组织高炮技术人员进行全面检查，经技术人员鉴定后，方能使用。

②作业期间，由高炮班进行保养，做到"五防一必须"：防潮、防锈、

防损坏、防弹簧失效、防丢失，射击后必须擦拭。

③作业中要经常观察高炮运行情况，发现问题立即停止作业进行检查，如有损坏零件或部件应及时修复和处理，不能处理的要立即上报市人工影响天气领导小组办公室。

④每年外场作业结束后，应把高炮拉回炮库并全面检查维护，穿好护套、炮衣，垫高炮脚，轮胎必须离地。

⑤专用炮库严禁挪作他用或出租，严禁高炮在非作业期间露天停放。如违反规定，造成高炮受损坏或部件被盗，将追究领导责任。

三、炮站学习、工作、生活制度

（1）炮站要按照省、市、县人工影响天气领导小组办公室的要求，结合炮点实际，制订学习、工作计划和值班进度安排。

（2）作业期间，炮站实行24小时轮流值班制，值班人员要坚守岗位，确保通信畅通，认真填写值班记录，各级人工影响天气领导小组办公室将进行定时查岗和抽查，一旦出现作业天气，所有人员必须立即到场，做好作业准备。

（3）每周组织学习、训练不低于三次，包括政治理论学习、业务知识学习、军事科目训练、高炮操作技能与维护保养知识学习和训练，并有学习训练记录。

（4）每次作业后，要及时清点用弹量、炮弹壳等，并组织灾情调查和雨情、雹情观测记录，及时上报。

（5）每次作业后，必须在24小时内对高炮进行擦拭和维护保养。严格执行"每周一小擦，半月一大擦，作业后及时擦"的高炮维护保养制度，出现故障，必须及时处理，若不能处理应立即上报县（市、区）人工影响天气领导小组办公室。

（6）营房内务要整洁，统一服装、卧具及生活用具，并摆放整齐，作业用具及雨鞋、雨衣、安全帽等不得擅自拿回家中使用，有上级领导到场要列队报告。

（7）炮站人雨弹（即人工增雨炮弹）等专用物资由班长或安全管理员负责统一管理，做好物资进出使用登记。确保安全，严格执行有关规定。出现意外由管理人员负责。

（8）炮库、弹药室严禁挪作他用，更不准出租，非作业期间必须安排专人管理。

贵州省人工影响天气工作流程

一、计划审批流程

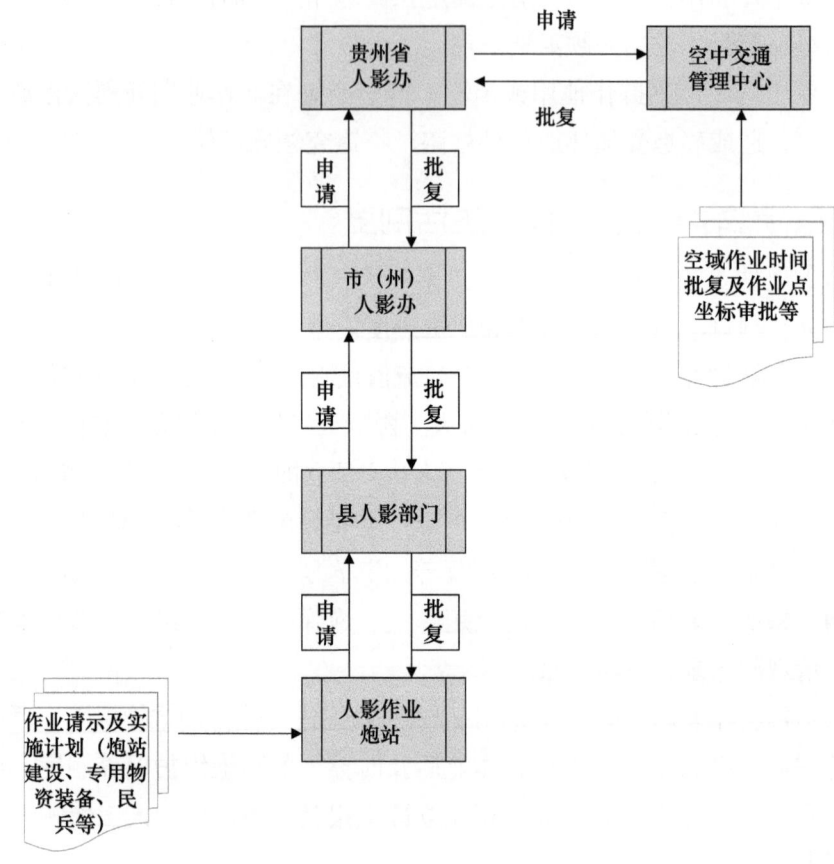

二、常规运行管理流程

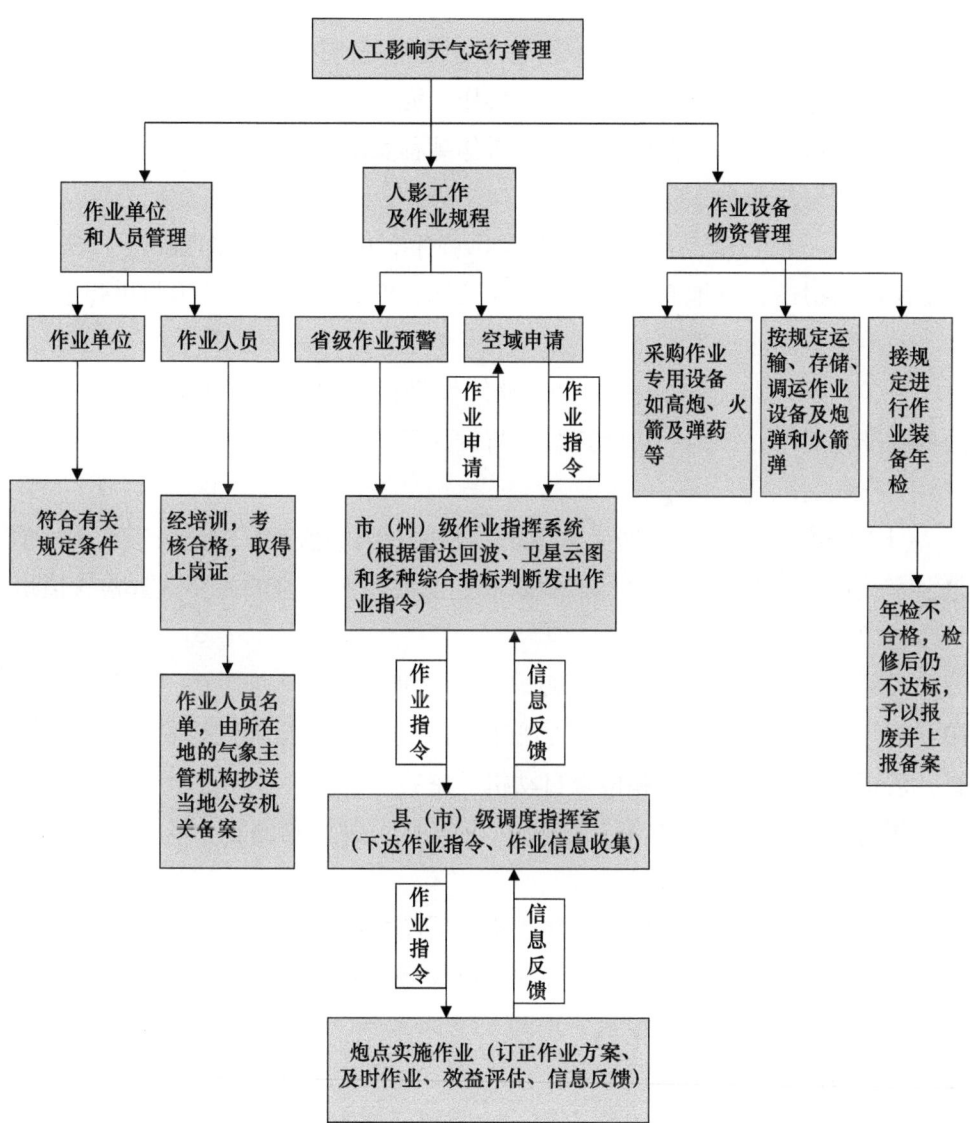

人工影响天气技术装备维护保养操作规程

一、高炮作业操作规程

为了加强和规范对人工影响天气作业的管理，提高作业效益，保障作业安全，特制定人工影响天气高炮作业操作规程。

全省各市（州）所辖炮站须按本操作规程实施作业。

1. 双管炮作业分工

班长：听取指令与指挥作业以及供弹手；一炮手：方向瞄准；二炮手：高低瞄准与射击；三炮手：距离与弹药装填；四炮手：弹药装填与供弹手。

2. 单管炮作业分工

班长：听取指令与指挥作业以及供弹手；一炮手：方向瞄准；二炮手：高低瞄准与射击；三炮手：弹药装填与供弹手。

3. 作业前准备

（1）各炮站必须 24 小时专人值班，并用专门的值班日志记录当天天气预报及雷达回波等情况。值班日志要认真、及时填写，班长还要认真检查值班日志的填写情况。

（2）接到上级作业预警后，由班长下达命令，全体炮手应迅速到炮站集中，清点人员、整理着装并向在场首长报告。由班长指挥进行高炮射击前检查，规正炮床水平，标定和检查自动机。主要项目为：

①身管内部应干洁光亮，防火帽应拧紧，由垫圈固定，身管固定结实牢靠。

②分别检查炮闩、装填机、驻退机和后座标尺。

③检查自动机联动动作，使各部分机件活动一下，以利于射击顺利进行。

（3）接到上级作业指令后，由班长下达命令，班长组织指挥全班进行战斗准备和协同操作，编制射击诸元。

①一、二炮手站在后车体内侧，协同解开炮衣大绳和炮衣扣，并将炮衣掀在方向机、高低机上。然后两人分别打开炮身托架的固定器。二炮手先解开身管衣带，一炮手脱下身管衣，放在适当位置，固定好方向机防止高炮回

转部分转动。二炮手脱下防火帽护套与身管衣放在一起，再将炮身打到35°左右。一、二炮手两人协同向外推接放平托架。三、四炮手（单管炮由班长协助）按前后顺序在护架上叠好炮衣，抬下护架放在适当位置。三炮手取下装填机护套，四炮手支起托弹盘。三、四炮手向托弹板上放四夹炮弹。

②班长看各炮手动作完后，迅速下达"就定位"的口令。听口令后，一炮手上炮，坐在方向瞄准手座上，检查保险器转把是否在保险位置，将高炮转到天气过程进来方向报"一好"。二炮手上炮，坐在高低瞄准手座上，检查保险器转把是否在保险位置，将炮身打到45°射角报"二好"。三（四）炮手上炮，检查后座游标是否在前方位置，站在装填机右、左两侧，面向装填机，两脚叉开略成八字形，右（左）腿微曲，上体稍向前倾，右（左）手抓握把，左（右）手扶装填机后壁，站立稳固，报"三好""四好"。

4.作业实施

在空域批准的前提下，一旦云体达到作业指标，且移入高炮射程内时，在班长指挥下，各炮手严格按照高炮操作技术要求进行射击。射角要由低（不得低于45°）到高，即从45°到80°作相应变化。

（1）压弹

三、四炮手位置对称，左右相反，但操作要领相同，故下述以四炮手为例。当听到"压弹"口令后，四炮手用左手握握把，稍向里推，两腿自然下蹲（前蹬、后弓），身体稍向前倾，双手用力后拉，直到输弹器体被发射卡锁卡住为止，然后将握把放入后握把扣内。拉握把后，迅速从托弹盘上取一夹炮弹，右手掌心向下，握住药筒后部，左手心向上，四指并拢，第一关节微曲，托住药筒和弹丸结合部。压弹时，两手将最下面一发炮弹与装填机上沿平行，弹夹对准退夹槽，弹丸对准定向槽，使炮弹沿后壁进入压弹机，左手迅速抽出，同时沿着后壁方向，将右手虎口用力下压，使最下面一发炮弹落到输弹机上。用同样的要领接过（或取）第二夹炮弹，装入压弹机内，但不要用力太猛。左手将握把送回前握把扣内，报"好"。在作业中三、四炮手应不断地往装填机内续弹，其要领与压第二夹炮弹相同。压弹结束前应向弹夹上压一个药筒，以便使所压炮弹全部发射完毕。

作业完毕后，班长要及时把作业起止时间、方位、射角、射击方式、用弹量以及现场作业天气实况记录并上报，以核对实际作业情况是否与命令作业的内容一致。

（2）瞄准发射

一、二炮手在追随瞄准中，随时准备高炮发射。其动作如下：当天气过程强中心接近发射距离时，一、二炮手用左（右）手打开保险，二炮手以脚跟为支点，用脚掌的压力，平稳地踩下发射踏板而击发。射击中，由于高炮的后坐力影响，会产生转轮加重的现象，从而增加了操作的难度。此时，一、二炮手在操作中要特别注意操作姿势，即保持上体正直，两手紧握转轮，背部靠紧椅背，两膝盖夹紧转轮箱体，两脚蹬紧踏板（炮盘）。高炮发射结束，一、二炮手应用左（右）手迅速关上保险。

（3）退弹

完成作业任务，停止射击，听到"退弹"口令后，三（四）炮手右（左）手将握把拉到底，退出输弹机上的一发炮弹（或）药筒，由一（二）炮手接住。左（右）手取下装填机内最上一发炮弹交给一（二）炮手。右（左）手将握把送回，左（右）手拿退弹板，使退弹板的定向铁对准不动梭子的前侧，两手协助将退弹板插入装填机内，然后均匀用力向上取出炮弹，右臂迅速抵住弹夹上端，使退出炮弹略成水平，避免退弹板内炮弹散落，然后下炮把炮弹放到适当地方，再上炮到自己位置，报"好"。如不继续操作，一（二）炮手左（右）手将保险器转把推到"解脱"位置，三（四）炮手右（左）手将握把拉过后握把扣并两手控制，一（二）炮手左（右）手抬起关闩扳手，二炮手踩下发射踏板，协作送回输弹器，关闭炮闩，然后一（二）炮手再将转把扳到保险位置。

（4）报读后坐量

三、四炮手在射击中，第一发试射之后，如游标所指的分划在 150～180 mm 时，则报"后座好"，如游标所指的分划大于 180 mm 或小于 150 mm 时，则报"后座长"或"后座短"。以后射击中若后座分划有改变时，应及时上报。射击后将游标推到最前方。

（5）作业中的注意事项

①作业中应遵守发射速度规定，身管过热时要更换身管。

②射击间隙中应注意规正炮床水平。

③射击中出现故障，应先关闭保险，打高射角 45°以上再检查排除故障。

④作业时炮弹在膛内不发火，在未拉握把开闩退弹前，禁止用起子在炮闩处乱捅或用洗把杆等在炮口处乱捅。

⑤作业过程中出现炮弹卡在炮膛退不下来的故障时，应按规定处理。炮手在规定时间内未处理掉故障时，应停止一切工作远离高炮，待炮身完全冷却后再进行处理。

⑥有故障的炮弹应留存。

5. 作业后工作及情况收集

收回、整理好作业中剩余的炮弹，无作业任务应将炮弹装入塑料筒后装箱，或将炮弹别在弹夹上装箱。

（1）对射击后的药筒应清理好并装箱上缴。

（2）重新规正炮床水平。

（3）检查、擦拭、涂油。

（4）排除射击中出现的故障，做好再射击的准备。

（5）整理好附品工具。

（6）若不作业，应将炮身托架固定，收起托弹盘，穿好炮衣。

（7）应认真填写作业登记表，将作业起止时间、射击方向、用弹量、用弹型号、天气实况、灾情、冰雹大小、数密度以及发现的故障及损坏情况等登记备案，并及时报送上级人工影响天气管理机构。

（8）增雨防雹效果收集，作业后及时收集有关作业效果资料，包括防区内外灾害、经济效益和社会效益、受益单位的认可或表彰等情况，报上级主管部门。

二、火箭作业操作规程

（一）发射架的使用与维护

1. 使用方法

（1）插接电缆线，将电缆插头插入通道输出口及发射架接口。

（2）检查点火触头、挡弹器及定向器导轨是否达到发射要求。

（3）调整挡弹器状态，使其翼片指向尾部。

（4）将火箭弹两个点火触片一边向上、一边向下，然后将其轻轻推入定向器导轨，手持火箭弹尾翼，推动火箭在导轨中向前滑动。火箭在导轨中应滑动自如，转动挡弹器，将挡弹器翼片调整到挡弹状态，注意：翼片要卡进限位槽中。（此项操作应确定是否已切断电源、严禁带电操作）

（5）调整发射仰角（放置前检查测角仪指针转动是否灵活）：松开地面发射架平衡机锁紧杆，推动定向器产生俯仰运动，使指针读数为要求值，锁紧平衡机锁紧杆；或用手柄摇动车载发射架升降机构，使测角仪指针读数为要求仰角。

（6）调整发射方位角：松开发射架方位锁紧杆，推动定向器转动，使方位指针指向要求的方位角，锁紧方位锁紧杆即可。

（7）发射：打开控制器电源，检测各通道电阻，若电阻值超过规定的最大值，须对系统进行检查，检查时同样须切断电源。若检测正常，将"检测/发射"档调整到"发射"状态，打开升压开关，控制器将发出"哗哗哗"的报警声，当升压指示灯变亮时，选择发射通道，手指放在发射按钮处，当发出倒计时发射口令"5、4、3、2、1发射"时，按下发射按钮，该通道火箭即发射出去，若还需发射其他通道火箭，将通道选择旋钮转到该通道号，重复发射口令进行发射，注意按发射按钮前要看升压指示灯是否变亮，升压指示灯未亮前禁止发射。

（8）留架弹处理：发射过程中，若发生个别弹未发射出架，不要受其影响，可按顺序继续发射其他通道火箭，作业结束后，关闭发射控制器电源，退出留架弹。留架弹须在切断电源5分钟后方能退架处理。处理留架弹过程中，操作人员须接地释放自身携带的静电，用短路铜箔带缠绕在点火触片上，使其两点火触片短路，用胶带贴紧，保证短路牢靠，装箱待检测后处理。

（9）留架弹焰炉工作时的处理：发生上述故障时，不必担心爆炸事故，因为火箭弹上没有雷管、炸药，待烟剂燃烧喷撒完15分钟后方可退出留架弹，检查作业系统有无损坏。

2．注意事项

（1）作业点应选择尽可能远离村庄、油库或集市等人口密集地区。

（2）地理位置应根据当地灾害条件和需要保护的范围来确定，应在气象雷达的监测范围内，标定出作业点的坐标，并报空军或作业指挥部门备案。

（3）作业点禁区为：正前方180°、100米；正后方60°、50米以内，作业时禁区内严禁人员或牲畜流动。

（4）发射控制器应在距发射点30米以外的安全区实施操作，一般选取侧后方为宜。

（5）车载式发射架：行车时应将导轨组件等平稳地放在行车支架上，用螺栓拧紧固定，严禁把火箭装入发射架上行车。

3．保养

（1）每次发射完毕后暂时不作业时，应及时检查各紧固件是否松动，各转动部位是否转动灵活。

（2）及时擦拭发射架的转动部位和导轨（定向器）等并涂油保护，不得有锈斑。

（3）每次作业前应先清除导轨（定向器）封油，擦净后才能使用。

（4）挡弹器是将火箭固定在导轨内，并确保火箭与点火装置接触，关系到安全和能否正常点火的重要部件，应经常检查其灵活性。

（5）位于导轨（定向器）上的导电器（点火触头），应经常保持清洁、无灰尘，不应锈蚀，确保导通良好。

（6）导轨（定向器）不能弯曲、变形，火箭弹应能在导轨中滑动自如。

（二）火箭弹的使用

1．开箱检查

（1）检查箱内火箭弹是否完好，有无裂纹、折断、碰坏等现象，点火触片保护纸带是否完好。若有损伤的火箭弹禁止发射。

（2）按合格证核对火箭弹的数量及编号，是否与装箱单内容相符，随箱文件是否齐备，检查情况做好记录。

2．取弹

（1）取弹前操作者需穿防静电工作服或消除自身静电。在地面埋一接地铜棒，操作前双手紧握铜棒，释放身体静电。

（2）取火箭弹时，必须一手托住弹体发动机尾部，保证在取弹过程中弹体重心稳定，不易脱手。

（3）找到封条位置，拆除胶带纸，去掉缠绕在两个导电片上的铜条，露出两个导电片，检查导电片是否清洁，如不清洁需用砂纸打磨导电片，保证导电性良好。

3．火箭弹的装填

（1）装弹前应确认是否已切断电源，严禁带电操作。

（2）将导轨（定向器）调整到最低射角，调整挡弹器状态，使其翼指向尾部。

（3）把准备好的火箭弹轻轻从导轨器后面推入，推入时应将导电片置于弹体上下方位，使导电片与点火触头可靠接触，手持火箭弹尾翼，推动火箭弹在导轨中向前滑动，看火箭弹在导轨中滑动是否正常，若正常，转动挡弹器，将挡弹器翼片调整到挡弹状态，翼片须卡进限位槽中，以免火箭弹从导轨器滑出。装填完毕，等待发射命令。

常规实战训练科目及要求

第一章　队列动作与训练方法

一、立正、稍息

立正是军人的基本姿势,是队列动作的基础。

（一）立正

口令：立正。

要领：两脚跟靠拢并齐,两脚尖向外分开约60度；两腿挺直；小腹微收,自然挺胸；上体正直,微向前倾；两肩要平,稍向后张；两臂自然下垂,手指并拢自然微曲,拇指尖贴于食指的第二节,中指贴于裤缝；头要正,颈要直,口要闭,下颚微收,两眼向前平视。

训练方法与步骤

（1）手形检查

口令：手形检查,停。

要领：听到口令,队列人员两臂伸直向前平举约与肩宽,两手心相对,手指并拢自然微曲,拇指尖贴于食指的第二节。听到"停"的口令,两手放下并使中指贴于裤缝,成立正姿势。

（2）靠墙站立

口令：立正,停。

动作：听到口令,成立正姿势,逐渐增加站立时间。做到"三收一顶,三挺一睁",体会"八股劲"。

三收一顶：即收小腹、收臀部、收下颚,头向上顶。

三挺一睁：即挺膝、挺胸、挺颈、睁眼。

八股劲：即脚的蹬劲、两膝向后的绷劲、两腿向内的合劲、小腹臀部的收劲、两肩向后的张劲、两手的贴劲、颈部的硬劲、头向上的顶劲。

常见错误动作

（1）两脚跟没有靠拢并齐，方向不正。两脚尖分开大于或小于60度。

（2）两腿挺不直。

（3）挺肚子或撅臀部。

（4）上体不正，后仰，两肩不平，没有挺胸。

（5）两臂弯曲或外张。

（6）手腕不直，弓手背，手形不对。

（7）精神不振，两眼无神。

（8）头歪，颈不直，下颚未微收。

（二）稍息

口令：稍息。

要领：左脚顺脚尖方向伸出约全脚的三分之二，两腿自然伸直，上体保持立正姿势，身体重心大部分落于右脚。稍息过久，可自行换脚。

训练方法

划线练习：在地面上按规定的方向、距离划限制线，然后结合立正动作反复练习。重点体会：出脚方向正、距离准、两脚挺直，上体保持立正姿势。

注意：身体重心大部落于右脚，稍息出脚时，脚跟稍提起，脚腕稍用力，前脚掌迅速沿地面擦出。

常见错误动作

（1）出脚方向不对。

（2）出脚距离过大或不够。

（3）出脚时弯腿、弓膝盖。

（4）出脚、收脚不迅速，身体重心没有移向右脚。

二、跨立（即跨步站立）

跨立，主要用于军体操、执勤和舰艇上分区列队等场合，可与立正互换。

口令：跨立。

要领：左脚向左跨出约一脚之长，两腿自然挺直，上体保持立正姿势，身体重心落于两脚之间。两手后背，左手握右手腕，右手手指并拢自然弯曲，手心向后。携枪时不背手。

训练方法

跨立、立正互换练习

口令：互换练习、跨立、立正。

要领：先立正，听到"跨立"口令，按照跨立的要领成跨立姿势，教员逐个检查纠正。听到"立正"口令，由跨立姿势换成立正姿势。

要求：动作应快速有力，左脚移动与身体重心移动应协调一致。上体成立正姿势。胸要挺出，两大臂稍向后张，注意左手握右手腕，右手五指不得张开。

由跨立姿势换成立正姿势时，应注意两手迅速松开，取捷径贴于裤缝，左脚向右靠拢时应有力（两脚跟应靠拢、并齐，两脚尖向外分开约60度），成立正姿势。

常见错误动作

（1）左脚向左跨出的距离不准，过大或过小。

（2）左脚向左跨时，身体重心移动慢或没有移动。

（3）跨立后，胸未挺出，两大臂外张不够。

（4）右手手型不对。

三、停止间转法

停止间转法，是停止间变换方向的方法。分为向右转、向左转、向后转。需要时，也可以半面向右（左）转。

（一）向右（左）转

口令：向右（左）——转。

要领：以右（左）脚跟为轴，右（左）脚跟和左（右）脚掌前部同时用力，使身体和脚一致向右（左）转90度，身体重心落在右（左）脚，左（右）脚取捷径迅速靠拢右（左）脚，成立正姿势。转动和靠脚时，两腿挺直，上体保持立正姿势。

半面向右（左）转，按向右（左）转的要领转45度。

（二）向后转

口令：向后——转。

要领：按向右转的要领向后转 180 度。

训练方法与步骤

为便于掌握动作要领，应先练分解动作，后练连贯动作。

1. 分解动作练习

口令：分解动作，向右（左）——转。

分解动作，向后——转。

分解动作，半面向右（左）——转。

要领：听到动令，按向右（左、后）转的要领转向新方向，但不靠脚。听到口令后，左（右）脚取捷径迅速靠拢右（左）脚，成立正姿势。

要求：各种转法在转体时，两脚挺直，上体保持立正姿势，两臂不得外张，保持立正时的手型，裆部夹紧，注意脚跟和前脚掌同时用力，使身体和脚一起转动，身体重心落在轴心脚。前方脚注意掌握好方向，后方脚跟应摆正。靠脚时，两腿挺直，膝盖不得弯曲，取捷径，不要外扫或跺脚。

2. 连贯动作练习

口令：连贯动作，向右（左）——转。

连贯动作，向后——转。

连贯动作，半面向右（左）——转。

要领：听到动令，按规定的方向和动作要领完成动作。

要求：连贯动作练习应做到"四快""一稳""一正"，即：转体快、抓地快、跟体快、靠脚快，身体稳，方向正，同时要掌握好节奏。

常见错误动作

（1）抢口令，即动令未下，就开始转体。

（2）两脚没有挺直，靠脚时后方腿明显弯曲。

（3）转体，两臂外张，上体不稳，身体重心没有落在轴心脚。

（4）靠脚时无力、外扫、跺脚，两脚跟不在一线上。

（5）方向不正，两面脚转向新方向后分开大于或小于 60 度。

四、行进

行进的基本步法分为齐步、正步和跑步,辅助步法分为便步、踏步和移步。

(一)齐步

齐步是军人行进的常用步法。

口令:齐步——走。

要领:左脚向正前方迈出约75厘米着地,按照先脚跟后脚掌的顺序,身体重心前移,右脚照此法动作;上体正直,微向前倾;手指轻轻握拢,拇指贴于食指第二节;两臂前后自然摆动,向前摆臂时,肘部弯曲,小臂自然向里合,手心向内稍向下,拇指根部对正衣扣线,并与最下方衣扣同高(着夏季作训服时,与第四衣扣同高;着冬季作训服时与第五衣扣同高;着水兵服时,与腰带同高),离身体约25厘米;向后摆臂时,手臂自然伸直,手腕前侧距裤缝线约30厘米。行进速度为每分钟116~122步。

立定:

口令:立——定。

要领:齐步时,听到口令,左脚再向前大半步着地,两腿挺直,右脚取捷径迅速靠拢左脚,成立正姿势。

齐步、立定的训练方法和步骤

齐步与齐步立定通常一起训练。

1. 复诵要领、体会动作

方法:由队列人员自己或由教员带领,复诵要领,使要领在队列人员头脑里形成初步印象,然后体会动作。

2. 摆臂练习

齐步摆臂练习可分为分解动作与连贯动作。

摆臂分解动作练习

口令:摆臂分解动作,一、二、停。

要领:听到"一"的口令,右臂迅速向前摆,左臂向后摆。听到"二"的口令,左臂向前摆,右臂向后摆,反复交替练习。听到"停"的口令,将手迅速放下（右臂在前时下达"停"的口令），成立正姿势。

要求：分解动作的摆臂练习，应注意按要领检查手型、肘部是否弯曲，小臂是否向里合，拇指根部是否对正衣扣线，并与最下方衣扣同高，离身体约25厘米；向后摆时手臂自然伸直，手腕前侧距裤缝线约30厘米。

3．臂、腿配合练习

口令：臂、腿配合练习，齐步——走，二、停。

要领：听到"齐步——走"的口令，左脚向正前方迈出约75厘米着地，身体重心前移，同时向前摆右臂，右脚跟稍提起。听到"二"的口令，右脚向正前方迈出约75厘米着地，身体重心前移，同时向前摆左臂，左脚跟稍提起，交替进行。听到"停"的口令（右臂左腿在前时下达"停"的口令），两手迅速放下，右脚取捷径靠拢左脚，成立正姿势。

要求：臂、腿结合练习时，应向正前方迈脚，距离要准。摆臂动作按要领，身体重心前移时不要向上蹿。

4．连贯动作练习

口令：齐步——走。

要领：同齐步要领。

要求：行进时，头向上顶，腰部挺直，上体正直，两眼向前平视，两臂要自然摆动，不得外张。两脚向前走直线，不要走"八字步"。精神振奋，要有勇往直前的精神。

5．立定分解动作练习

口令：立定分解动作，一、二。

要领：听到"立定分解动作一"的口令，左脚向前大半步、脚掌全部落地，脚尖向左，身体重心落于左脚，右脚靠拢左脚，同时将手放下，动作要迅速有力。也可以在行进中听到立定口令后，左脚再向前大半步，不靠脚。听到"二"的口令，右脚再靠拢左脚，同时将手放下，成立正姿势。

常见错误动作

（1）低头看地。

（2）上体不正，左右晃动，没有挺胸，身体重心前移不够。

（3）出脚方向不正，走"八字步"。

（4）摆臂不到位（过大或过小），手型不对。

（5）立定时，左脚上前半步过大，臂腿动作不协调；立定后，两脚尖分开过大或过小。

（6）步幅、步速不准。

（二）正步

正步主要用于分列式和其他礼节性场合。

口令：正步——走。

要领：左脚向正前踢出（腿要绷直，脚尖下压，脚掌与地面平行，离地面约25厘米）约75厘米，适当用力使全脚掌着地，同时身体重心前移，右脚照此法动作；上体正直，微向前倾；手指轻轻握拢，拇指伸直贴于食指第二节；向前摆臂时，肘部弯曲，小臂略成水平，手心向内稍向下，手腕下沿摆到高于最下方衣扣约10厘米处（着夏季作训服时，约与第三衣扣同高；着冬季作训服时，约与第四衣扣同高；着水兵服时，手腕上沿距领口角约15厘米），离身体约10厘米；向后摆臂时（左手心向右，右手心向左），手腕前侧距裤缝线约30厘米。行进速度为每分钟110～116步。

立定：

口令：立——定。

要领：正步时，听到口令，左脚再向前大半步着地，两腿挺直，右脚取捷径迅速靠拢左脚，成立正姿势。

正步、立定的训练方法和步骤

1. 复诵要领

方法：由队列人员自己或由教员带领复诵要领，使正步动作要领在队列人员头脑里形成初步印象。熟悉肘部、手腕下沿、手腕前侧的具体部位。

2. 摆臂练习

正步摆臂练习一般在原地进行，分为分解动作与连贯动作练习。

（1）摆臂分解动作练习

口令：摆臂分解动作，一、二、停。

要领：听到"一"的口令，迅速向前摆右臂，向后摆左臂，手指轻轻握拢，拇指贴于食指第二节，右臂肘部弯曲，小臂略成水平，手心向内稍向下，手腕下沿摆到高于最下方衣扣约10厘米处，离身体约10厘米。左手心向右，手腕前侧距裤缝线约30厘米。

听到"二"的口令，左臂迅速前摆，右臂后摆，反复交替。

听到"停"的口令（右臂在前时下达停的口令），两手迅速放下，成立正姿势。

要求：摆臂分解动作练习，应逐个检查动作是否符合要领，向前摆臂重点是手型、手臂位置、手腕下沿的高度、离身体的距离。向后摆臂重点是手心朝向，手腕前侧距裤缝线约30厘米。

（2）摆臂连贯动作练习

口令：摆臂连贯动作，正步——走，停。

要领：听到口令，按正步摆臂动作要领反复交替摆臂。听到"停"的口令（右臂在前时下达停的口令），两手迅速放下，成立正姿势。

要求：做到"快、准、稳"，即：摆臂要快，位置、手型要准，到位后要稳。练习时，还应解决摆臂路线问题。正确的路线是沿身体一侧由后向前、由下向上摆臂。不能外拐，小臂要在大臂过身体一侧时折臂。折臂动作要快，到位后应稍有停顿。

3．踢腿练习

踢腿练习分为原地定位练习和连贯动作练习。

（1）原地定位练习

口令：原地踢腿练习，准备，正步——走，二、一、停。

要领：听到"准备"的口令，两脚迅速并拢，同时两手在腹前交叉（也可在背后），左手在上握右手（半握拳）腕（在背后时，左手臂在下托住右手）。听到"正步——走"的口令，左脚向正前方迅速踢出（腿要绷直，脚尖下压，脚掌与地面平行，离地面约25厘米）。听到"二"的口令，收回左脚放于右脚内侧三分之一处，脚掌与地面平行（距地面3～5厘米）。听到"一"的口令，按上述要领迅速踢出。反复练习。听到"停"的口令，左脚靠拢右脚，同时将手放下，成立正姿势。然后换脚练习。换脚时应下达换脚口令。

要求：原地踢腿练习主要体会直、压、稳、快。

直：腿要绷直，膝部不能弯曲。

压：脚尖下压，脚掌与地面平行（距地面 25 厘米）。

稳：踢腿时身体要稳，到位后脚不能上下晃动。

快：动作要快，不拖泥带水。

（2）连贯动作练习

口令：踢腿连贯动作，准备，正步——走，立——定。

要领：听到"准备"的口令，两脚迅速并拢，同时两手在腹前（也可在背后）交叉，左手在上握右手（半握拳）腕（在背后时，左手臂在下托住右手）。听到"正步——走"的口令，左脚向正前方踢出约 75 厘米，适当用力使全脚掌着地，身体重心前移，前脚跟至左脚内侧后三分之一处，然后换脚。听到"立定"的口令，按动作要领立定。

要求：在原地踢腿的基础上进行连贯动作练习，除要求像原地一样贯彻直、压、稳、快之外，还要着重纠正步幅不准、步速不匀的问题。可在地上划步幅线进行练习。

4．一步两动练习

一步两动练习，是把正步的一步动作分解为两动完成的练习方法。

口令：一步两动，正步——走，二、一、停。

要领：听到"一步两动"预令，两脚迅速并拢，听到"正步——走"的动令，左脚按要领向正前方踢出，不着地，同时按要领向前摆右臂，向后摆左臂。听到"二"的口令，左脚在约 75 厘米处适当用力，使全脚着地，两臂不动，身体重心前移，右脚前移至左脚内侧后三分之一处，右胯上提，右脚掌与地面平行（脚尖稍向上翘，脚跟下蹬），不着地（没有掌握动作之前可先着地）。听到"一"的口令，右腿按要领向正前方踢出，同时向前摆左臂，向后摆右臂，然后按左脚的方法交替练习。听到"停"的口令（右臂在前时下达"停"的口令），按立定动作要领立定。

要求：一步两动练习踢腿摆臂后，由于是单脚支撑，所以要注意掌握身体重心，不能左右晃动，身体微向前倾，腰部要直，微收腹，不能向后仰身体。动作的区分重点是：踢腿同时摆臂，脚着地臂不动，腿不踢。手臂、腿部动作应按要领检查纠正，注意体会脚着地时身体重心前移。

5. 快、慢步练习

口令：快、慢步，正步——走，二、一、停。

要领：听到预令（快步走），两脚迅速并拢。听到动令，左脚向正前方踢出约75厘米，适当用力使全脚掌着地，身体重心前移，同时向前摆右臂。左脚着地时，右脚前跟至左脚内侧后三分之一处。脚掌与地面平行，右臂不动。听到"二"的口令，右脚向正前方踢出约75厘米，适当用力使全脚掌着地，身体重心前移，同时按要领向前摆左臂。右脚着地时，左脚跟至右脚内侧后约三分之一处，脚掌与地面平行，左臂不动，然后反复交替练习。听到"停"的口令（右臂在前时下达口令），右脚靠拢左脚，同时将两手迅速放下，成立正姿势。

要求：踢腿、摆臂要快，踢腿后稍稳一下，然后再着地，同时身体重心前移，身体不能晃动。挺胸，微收腹，腿、臂动作要符合要领。

6. 一步一动练习

一步一动是把每个正步走动作周期间隔开所进行的一种练习方法。

口令：一步一动，正步——走，二、一、停。

要领：听到"一步一动"的预令，两脚迅速并拢。听到"正步——走"的动令，左脚向正前方踢出约75厘米，适当用力使全脚掌着地，身体重心前移，同时按要领向前摆右臂。左脚着地时，右脚向正前方踢出不着地，同时按要领向前摆左臂。听到"二"的口令，右脚在约75厘米处适当用力使全脚掌着地，身体重心前移，右脚着地同时，左脚向正前方踢出不着地，同时按要领向前摆右臂。然后反复交替练习。

要求：一步一动练习，主要解决踢腿同时摆臂，脚着地时稍停顿，臂不动。动作要准确有力，不拖泥带水，防止出现顺拐现象。对手臂、腿部问题要严格纠正。由于一个动作完成后，是单脚支撑身体，要求掌握好身体重心，不能左右晃动，注意挺胸、微收腹，不能后仰身体。

7. 连贯动作练习

口令：连贯动作，正步——走。

要领：准确掌握步幅、步速，可采用规定距离、计算单位时间内步数的方法训练。

8. 立定动作训练

参考齐步、立定动作训练。

常见错误动作

（1）摆臂时，前摆小臂位置不准，手型不符合要求，摆臂路线从外向里，同时耸肩；后摆时，手腕向上翻形成掏手，手心方向不对。

（2）踢腿时，右腿膝部弯曲（弓腿），不能小腿带大腿（掏腿），支撑脚弯曲（弯腿），踢腿动作无力。

（3）脚没有向正前方踢出，或踢出高度不准（大于或小于25厘米）、脚尖上翘，脚掌不与地面平行。

（4）身体重心前移不够，着地时不能适当用力使全脚掌着地。

（5）动作不协调，没有注意脚着地时臂不动，踢腿同时摆臂。身体过于前倾或后仰，腰不能挺直。

第二章　高炮操作训练

一、起、落炮

要领：选择发射阵地要视线良好，射界内无障碍，在射程内要避开人口稠密区、工厂、学校、机关等。

做好放炮准备：高炮进入阵地先要"放列"，步骤如下：炮班长下达"就炮集合"口令后，再下达"放列"口令，各炮手听到"放列"口令后，立即同时进行操作。

口令：准备落炮。

要领：一炮手站在后车体内左侧，二炮手站在后车体内右侧，两人协同解开炮衣大绳和炮衣扣，并将炮衣递给三、四炮手，然后分别打开炮身托架的固定器，二炮手将射角打到30度左右，一炮手打开制动开关并报"好"，一、二炮手分别握住炮身托架，面向炮口方向，靠外侧的腿跨过后车轴，准备落炮。

要求：三、四炮手分别打开左、右炮脚固定器，将左、右炮脚打开，并固定好，然后掀起炮衣并上炮盘，将炮衣叠好放在护架上，手扶护架，面向火炮，两脚站稳。

六炮手将回转开关的行军指标转向"战斗"位置(尖端向里)，待五炮手把支杆接好后，打开制动开关报"好"，然后上炮，一只脚站在靠近前车体的纵梁上，另一只脚踩在前车轴上，待落炮时，接牵引杆。

六炮手站在牵引杆左侧，两脚叉开，身体下蹲，用右手压支杆的驻栓轴，使驻栓脱离固定座，然后用左手握住牵引环，把牵引杆放平，将支杆折转180度套在连接板的连接轴上，使牵引杆和叉架连为一体，右手握住牵引杆后段，身体微曲，准备落炮。

七炮手打开工具箱，接好洗把杆放于工具箱上报"好"。

班长脱下身管衣放于适当位置，检查各炮手的动作，待一、五炮手打开制动开关报"好"后，下达"落炮"口令，并到前车体帮助落炮。

口令：落炮。

要领：一、二炮手协同将炮身托架向外推，跨过后车轴，向下压托架，直到一炮手关好制动开关报"好"后为止。六炮手在班长的协助下，同时将牵引杆抬起向里推，五炮手接住牵引杆后，将牵引杆向下压，直至六炮手关好制动开关报"好"为止。三、四炮手待落炮后，抬下护架，放于适当位置。

要求：落炮后，六炮手、一炮手、班长、二炮手分别在前、后、左、右同时打杠起螺杆，使车轮离地15厘米左右，并在班长指挥下，观看各自近处的水准器，协调地打杠起螺杆，直到炮床基本水平为止。然后，五、六炮手协同解托支杆，将牵引杆放倒。

口令：就定位。

要领：各炮手到各自的战斗位置，一、二、三、四、五炮手取下各操作部位的护套，五炮手支起托弹盘，拉开握把，各炮手报"好"。六、七炮手各将两夹炮弹放在托弹盘上，并准备随时递弹。"就定位"完毕，各炮手报"×炮好"。

要求：落炮后还要检查炮闩、击针长度，压上教练弹，试射检查输弹机是否输弹有力等，检查各部装置的机件是否灵便好使。炮轮胎要离地15厘米左右，方向 360 度内转动无障碍。炮床要基本水平。

班长检查轮胎离地是否有 15 厘米，射击方向内是否有障碍。将炮管内旧油及污垢擦拭干净。五、六、七炮手将拖把杆裹上白布擦拭炮管，直至干净发亮为止。

根据人雨弹作业的要求，射角应大于 45 度。将炮身打高到 45 度，把禁射器安装在高低机齿弧与传动齿轮之间。

二、作业准备

（1）人雨弹开箱后用电工刀（或剪刀）将装炮弹的塑料筒上方（引信为上方）上盖与筒结合部割开三分之二，取出炮弹。

（2）检查炮弹应无磕碰、无锈、无变形和完整无损。若遇有损坏、裂缝及弹头松动等炮弹时，严禁使用，并不准自行修理。

三、压弹

（1）弹夹压弹：将合格炮弹压上弹夹，用一只手拿住上面一发左右晃动两下，炮弹不能掉下。压好后的弹夹禁止用手去压弹夹上的弹簧帽，以免掉弹。

（2）装填机压弹：当班长发出压弹口令时，六、七炮手将炮弹递给五炮手依次压入装填机内。检查是否有骑马现象，五炮手检查输弹槽内是否有炮弹。

人雨弹是火工品，在任何情况下都应轻拿轻放，特别是装弹、退弹时更应注意。压好弹后，没有取得指挥员的同意，不得打开保险，以免走火。此时班长要特别注意五炮手、二炮手。

经指挥员批准和气象员的同意，可根据云层的高低和远近，射击一发指示弹，以确定射角和射向。检查后座标尺应为 150～180 毫米。

口令：射击。

要领：确定高度角和射向后，可进行点射或连射。需要连射时，最好是 5～7 发的短点射，给五炮手留 3～5 秒时间进行压弹，然后再射击 5～7 发，以此循环。

注意：这样的好处是故障少，压送弹跟得上，炮管增温慢。当进行连发射击，一般连续射击 60～100 发时，炮管很快升温，炮管温度超过 400 摄氏度（炮管发紫）时，停止射击，待炮管降温后再继续射击。

四、作业完毕

口令：停止射击。

要求：

（1）将装填机内的炮弹全部退出擦拭干净，装入塑料筒内，集中登记，放回人雨弹专用仓库内。将瞎火弹与正常弹分开存放，最好将瞎火弹交有关部门处理。

（2）将射击后的火炮分解检查，经常需要检查的内容包括击针长度、击针弹簧自由长度、输弹器输弹是否有力等。及时将损坏的零部件更换掉，然后擦拭涂油。

五、撤去高炮

口令：撤去。

要领："撤去"动作与"放列"步骤相反。

第二部分

典型事故案例

事故一　某区一炮站伤人事故

事故过程

2009年3月12日,某区一炮站4名作业人员对高炮进行出炮前的维护保养并试炮,装填第一发训练弹击发成功,但弹壳未能正常退出,作业人员拉握把将弹壳退出,随后装入第二发训练弹,但击发时只听到击针撞击声,未能正常发射,作业人员初步判断为哑弹,在等待约2分钟后将身管打平,准备对哑弹进行处理。此时2人在炮前连接洗把杆,准备在哑弹清理后擦拭身管,另外2人在炮后拆卸装填机,在拆卸过程中,膛内训练弹爆发,造成炮前2人受伤。

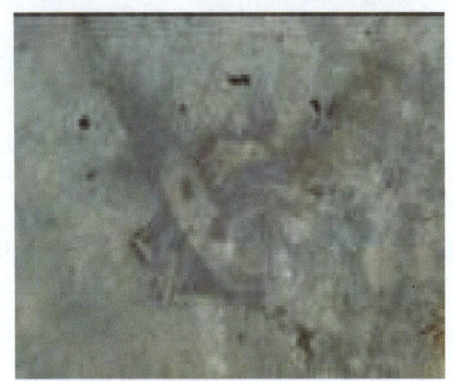 

原因分析

1. 违反作业人员未经培训、考核、注册不准上岗的规定。

2. 违反操作规程,未经请示上级主管部门擅自试炮,出现哑弹、卡弹现象,不按哑弹、卡弹处置流程进行退弹。

3. 违反专用弹药安全管理规定,未出炮的炮站不允许有弹药存放。

正确处理方法

1. 严格执行有关管理规定，出炮前必须对作业人员进行培训并考核合格。

2. 严格按照有关规程操作，出现故障，按正确的操作程序排除故障，出现哑弹、卡弹要按规定流程进行处置。

3. 加强安全监管，严格执行有关规定，非作业期间，弹药须存放县级以上武装部或人影办专用弹药库；严禁炮站擅自存放弹药，不准擅自试炮。

事故二　某市某炮站死亡事故

事故过程

2005 年 8 月 29 日，某市某炮站班长陈某带领炮手杨某进行撤炮准备工作，在起炮时，由于操作不当，导致后支架弹回，打中杨某头部，使其从炮盘上向后坠地，造成重伤，后终因伤势过重抢救无效死亡。

原因分析

直接原因系违反操作规程；在人员不足的情况下起炮、落炮。

正确处理方法

1. 加强管理人员安全意识，在人员不足的情况下，不得擅自指挥起炮、落炮操作。

2. 严格执行规章制度、管理规定和操作规程，加强作业人员安全培训，提高操作和故障处置能力，提高安全防范意识。

3. 严格按规定配备作业人员。

事故三　某乡人雨弹爆炸致两死一重伤事故

事故过程

2000年8月10日下午3点左右，某乡防雹炮点负责人谢某到距炮点不远处的村民家打电话向县气象局申请作业时间，得到答复后，谢某便回到炮点组织炮手唐某、李某等3人准备作业，压弹15发。这时正在下雨，有几个在距炮点不远处砌墙的石匠到炮点去避雨。射击操作完毕后，谢某安排3人清理弹壳和擦炮，自己到村民家去打电话向县气象局汇报作业情况。唐某、李某等3人清理弹壳，找到12发弹壳，并将2发未击发的炮弹送回保管室。弹壳虽少了一个，但他们认为可能是当时在那里避雨的石匠拿走了，没有意识到膛内存在处于击发状态的哑弹，且未阻止石匠田某在高炮旁观看，炮手唐某直接用洗把杆通擦高炮身管，导致膛内一枚引信自炸时间为13～17秒的炮弹底火被击发，弹丸出膛击中唐某并在距炮口2米处爆炸，炮手唐某、石匠田某当场死亡，炮手李某重伤。

原因分析

1. 未严格按照规定查找、核对弹壳，致使未发现有哑弹留在膛内。

2. 违反操作规程，在未检查退弹和未解除击发状态下，即用洗把杆通擦身管。

3. 违反规定，允许无关人员在作业期间进炮站并围观。

正确处理方法

1. 严格执行有关管理规定，出炮前必须对作业人员进行培训并考核合格。

2. 严格按照有关规程操作，出现故障要按正确的操作程序排除故障，出现哑弹、卡弹要按规定流程进行处置。

3. 加强安全监管，严格执行有关规定，非作业期间，弹药须存放县级以上武装部或人影办专用弹药库；严禁炮站擅自存放弹药，不准擅自试炮。

事故四　某省某县防雹作业意外伤人事故

事故过程

2013年7月26日，某省某县人工防雹作业中一枚炮弹瞎火，造成落地爆炸，炮弹碎片致一名学生脸部受伤。

爆炸弹坑

炮弹碎片

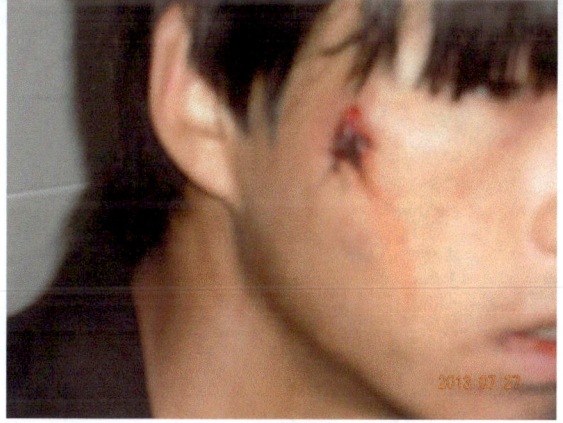
受伤部位

原因分析

1. 造成此次意外伤人事故的主要直接原因是炮弹故障。

2. 同时也存在炮站布设不合理，未严格按安全射界作业等因素。

正确处理方法

1. 按照炮站设置有关规定，结合当地政府对该项工作的要求，重新调整炮站位置。

2. 按要求制作10千米射界图，图上标注禁射区域和禁射高度，并在作业场所醒目标注禁射方位。

事故五　某市火箭增雨作业意外事故

事故过程

2014年6月16日，某市气象局开展火箭增雨作业时一枚火箭弹开伞后伞绳断裂，尾部残体落入村民房上并穿透屋顶，屋内一名71岁男子受到惊吓。

原因分析

1. 造成此次意外事件的直接原因主要是火箭弹伞绳断裂,从而导致开伞不成功。

2. 同时也存在炮站布设不合理,未严格按安全射界作业等因素。

正确处理方法

1. 按照炮站设置有关规定,结合当地政府对该项工作的要求,重新调整炮站位置。

2. 按要求制作 10 千米射界图,图上标注禁射区域和禁射高度,并在作业场所醒目标注禁射方位。

事故六　某省人工增雨飞机意外坠落安全事故

事故过程

2013 年 5 月 16 日,某省某公司的人工增雨飞机在某机场试飞,意外坠落起火并烧毁。造成 2 名机组人员和某省人影办 1 名工作人员受伤。

原因分析

1. 安全检查或飞机增雨操作不到位。
2. 未合理研判飞机飞行条件就进行作业操作。
3. 应急演练不到位，应急处理能力不足。

正确处理方法

1. 按照飞机增雨有关规定，加强作业培训及安全教育。
2. 进行详细的安全检查，充分研判飞行条件。
3. 加强应急演练，提高突发事件应急处理能力。

贵州省人工影响天气安全管理手册

第三部分

人工影响天气作业操作
典型违规情形

违规情形一 在禁射方向上作业。

违规情形二 出现故障时未先关闭保险,未将高射角打至 45 度以上检查排除故障。

违规情形三 作业中出现卡弹、哑弹等故障时，在炮口处观察，用起子在炮闩处乱捅或用洗把杆等在炮口处乱捅。

违规情形四 起落炮时，正对牵引杆。

违规情形五 着装不规范，穿拖鞋作业。

违规情形六 作业时众人围观。

违规情形七 作业弹药违规摆放。